LE GUIDE
DU LABOUREUR,

OU

MANUEL ABRÉGÉ D'AGRICULTURE,

CONTENANT :

La manière de se procurer des engrais avec économie, les moyens sûrs, infaillibles et peu dispendieux de détruire les animaux et insectes malfaisans destructeurs des blés, tels que Rats, Souris, Taupes, Mulots, Charançons, d'en préserver et garantir les greniers, de conserver les récoltes, de connaître les qualités de farines.

SUIVI

Des procédés à employer contre les Chenilles, Taupes-Grillons, ou Courtillières, Sauterelles, Vermine des plantes et vers de terre.

TERMINÉ PAR

L'histoire naturelle de la Couleuvre et de la Vipère avec la véritable méthode de se guérir de la morsure de ce dernier reptile.

PAR MM. MAUROS PÈRE, et MAUROS FILS,
Ex-agent voyer du département de Loir-et-Cher.

Ouvrage indispensable aux habitans de la campagne.

PRIX : 1 FRANC.

PARIS,
CHEZ M. E. ANDRÉ LIBRAIRE,
RUE SORBONNE, N° 14.
ET CHEZ LES AUTEURS.

1839

IES GRAVES.

IÈRE LEÇON.

décembre 1837.

ureille époque, j'éprouve un vé-
endre avec vous le cours de mes
siologiques et pathologiques ;
sir est plus vif qu'il n'a jamais
nir des résultats importants et
ous avons été assez heureux
ée dernière, vient se joindre
recherches futures seront non
et qu'une nouvelle impulsion

LE GUIDE

DU LABOUREUR,

OU

MANUEL ABRÉGÉ D'AGRICULTURE,

CONTENANT :

La manière de se procurer des engrais avec économie, les moyens sûrs, infaillibles et peu dispendieux de détruire les animaux et insectes malfaisans destructeurs des blés, tels que Rats, Souris, Taupes, Mulots, Charançons, d'en préserver et garantir les greniers, de conserver les récoltes, de connaître les qualités de farines.

SUIVI

Des procédés à employer contre les Chenilles, Taupes-Grillons, ou Courtillières, Sauterelles, Vermine des plantes et vers de terre.

TERMINÉ PAR

L'histoire naturelle de la Couleuvre et de la Vipère avec la véritable méthode de se guérir de la morsure de ce dernier reptile.

PAR MM. MAUROS PÈRE, et MAUROS FILS,
Ex-agent voyer du département de Loir-et-Cher.

Ouvrage indispensable aux habitans de la campagne.

PRIX : 1 FRANC.

PARIS,
CHEZ M. E. ANDRÉ LIBRAIRE,
RUE SORBONNE, N° 14.
ET CHEZ LES AUTEURS.

1839

IMPRIMERIE DE MOQUET ET COMP
RUE DE LA HARPE 90.

AVANT-PROPOS.

Notre intention, en faisant paraître cette brochure, est de mettre à la portée de tous les cultivateurs une foule de connaissances et d'observations recueillies dans les meilleurs traités qui ont paru jusqu'à ce jour; car on a beaucoup écrit sur l'agriculture, mais non pour les agriculteurs, et en cela tous nos savans agronomes ont manqué leur but, puisqu'il n'y a peut-être pas un seul fermier sur cent qui ait connaissance de leurs écrits; en effet, comment répandre, comment propager des ouvrages dont le prix exorbitant effraie ceux mêmes qui sont les plus disposés à se les procurer? Comment veut-on que la masse des laboureurs s'instruise par les livres, si on lui en ôte la facilité?

En publiant le résultat de nos recherches, recherches dans lesquelles les auteurs les plus distingués nous ont servi de guide, ceux pour qui nous destinons notre travail, nous sauront sans doute quelque gré, seule récompense que nous ambitionnons, des efforts peut-être infructueux que nous tenterons pour faire faire un pas de plus à cette branche si intéressante qui semble rester stationnaire, tandis qu'autour d'elle tout marche de progrès en progrès.

DE L'AGRICULTURE

L'origine de l'agriculture, simplement considérée comme l'art mécanique de fouiller la terre et de la rendre productive, se perd dans les tems les plus reculés; la loi impérieuse de la nécessité força les hommes à cultiver les champs, lorsque le lait de leurs troupeaux ne put suffire à leur nourriture; ainsi la naissance de cet art utile date de celle des sociétés. Tous les anciens peuples ont fait honneur à leurs dieux de cette sublime invention et toutes, par reconnaissance, s'empressèrent de couvrir leurs autels des prémices de leurs travaux. Les Egyptiens offraient des hommages à Osiris, les Grecs et les Romains à Cérès et à Triptolème son fils.

L'agriculture est donc l'art de cultiver la terre, de la fertiliser et de lui faire produire les grains, les fruits, les plantes et les arbres qui servent aux besoins de l'homme. A cette définition on doit ajouter qu'elle embrasse encore l'art de multiplier et de veiller à la conservation des animaux utiles, et à la destruction de ceux qui sont nuisibles; enfin c'est le premier, le plus étendu et le plus essentiel de tous les arts. Columelle disait aux Romains ses compatriotes : « Rien n'égale ma « surprise, quand je considère que « ceux qui veulent apprendre à bien « parler adoptent un orateur dont l'é- « loquence puisse leur servir de mo- « dèle, ceux qui désirent s'appliquer

« à la danse, à la musique et à tous « les arts frivoles, cherchent avide- « ment un maître de chant, un maî- « tre de grâces: en un mot, chacun « choisit le meilleur maître pour faire « des progrès rapides sous sa direc- « tion, au lieu que l'art le plus né- « cessaire, celui qui tient de plus près « à la sagesse, n'a ni disciples qui « l'apprennent ni professeurs pour « l'enseigner.

« Quant à moi, dit-il en finissant, « quoique regardé comme un métier « vil et de nature à n'avoir besoin « d'aucun enseignement pour être « appris, lorsque je l'envisage formant « un corps d'étude d'une très vaste « étendue, et ensuite descendant dans « toutes les parties qui en composent « la totalité, je crains de voir la fin de « ma vie sans en acquérir la connais- « sance entière. »

Ne pourrait-on pas appliquer de nos jours ce qu'il disait alors?

Il faut partager en quatre classes bien distinctes ceux qui s'occupent d'agriculture. La première, celle qui pense que cet art ne suppose aucune étude préliminaire. La seconde au contraire convient de la nécessité d'apprendre et de réunir la pratique et la théorie, mais ne prend pas la peine d'étudier. La troisième comprend ceux qui sans sortir du cabinet, connaissent l'agriculture par les livres, en parlent savamment, tranchent décidemment sur tous les objets, sans même avoir aucune idée de la campagne. La quatrième enfin est la classe routinière, de laquelle font partie ceux qui cultivent sans réflexion, sans principes, labourent leurs terres, taillent leurs vignes comme leurs pères labouraient et taillaient, sans se demander si on peut ou ne peut pas perfectionner la méthode du pays ou lui en substituer une plus avantageuse.

De toutes les classes, la plus funeste et la plus pernicieuse est la troisième; elle propose expériences sur expériences, réformes sur réformes; elle dégoûte enfin et souvent elle ruine le cultivateur qui s'est laissé éblouir par de brillans raisonnemens, par des promesses merveilleuses.

Aussi doit-on bien prendre garde de se laisser tromper par ces individus qui du premier coup d'œil blâment tout, repoussent loin d'eux tout ce qui n'est pas leur méthode, tous ceux qui n'adoptent pas leurs systèmes; car le ton tranchant l'emportera toujours aux yeux de la multitude sur la modestie et l'assurance de l'homme qui sait douter. Lorsque par l'application des sages principes de la théorie à l'expérience, on obtient d'heureux résultats, c'est alors le cas de traiter sans miséricorde les coutumes défectueuses, de détruire les abus et de démontrer les absurdités de certaines cultures.

Pour acquérir de la confiance et être cru dans ses discours, il faut prêcher d'exemple et non de paroles; voilà le grand point et la plus solide instruction à donner; car les cultivateurs observent et observent bien, les succès et les fautes sont pour eux des livres qu'ils lisent et comprennent parfaitement; timides par intérêt, ils ne quittent jamais d'eux-mêmes le sentier battu pour se frayer de nouvelles routes; car pour inventer, pour changer ou perfectionner, il faut du temps et de l'argent, et généralement ils n'ont ni l'un ni l'autre à perdre; ils labourent de même que les araignées filent et que les castors bâtissent leurs maisons; mais qu'on leur offre une nouveauté qui frappe leurs yeux, ils seront long-temps à l'examiner, et à douter s'ils l'adopteront; enfin si l'un se décide et qu'il ait lieu de s'en féliciter, tous suivent son exemple. Pour exploiter avec fruit il faut bien labourer les terres et les travailler à propos, renoncer à celles dont le travail demande trop de déboursés. Il en est d'un champ comme d'un homme ; peu importe qu'il rapporte beaucoup ; s'il coûte beaucoup, le profit devient nul ; le vrai but est de retirer l'intérêt des avances et des peines que l'on se donne : le premier soin doit donc être d'épargner la dépense non productive. Connaître la qualité du sol, ne point acheter de propriétés dans un climat malsain, quelque fertile qu'il soit, ni dans un climat salubre si le terroir en est stérile. La cause déterminante et réellement physique pour le rapport des terres est leur position géographique, et ce qui fait la qualité de certaines productions n'est dû bien souvent qu'aux circonstances locales.

Des Engrais.

Nous allons sans préambule passer en revue les différents engrais dont on se sert généralement en agriculture; nous indiquerons la manière d'appliquer les substances dans les cas convenables, et la préférence que l'on doit accorder à celles qui semblent posséder les qualités les plus efficaces.

Toute fertile que soit une terre, elle s'épuise en produisant, perd continuellement de ses principes et deviendra d'une stérilité complète si l'industrie humaine ne les lui renouvelle pas. C'est pour cela que les habitants de certains départements ont contracté l'habitude d'alterner, et depuis qu'ils ont ensemencé avec des turnips, des raves, des navets pendant les années de repos ils ont rendu au sol son activité première, parce qu'en enfouissant les raves, les navets, etc., ils ont multiplié le terreau, qui est la terre par excellence pour la *végétation*. C'est un excellent moyen comme engrais; lorsqu'on alterne sur un trèfle, sur un sainfoin, sur une luzernière, on est sûr que la récolte suivante sera copieuse, parce que les racines de ces plantes n'ont absorbé les sucs de la terre qu'à une profondeur plus considérable que celle où les racines des blés puisent pour se nourrir. Dès-lors en labourant cette terre, le terrain de la partie supérieure dont les sucs n'ont point été épuisés ou disséminés est enfoui, et présente une abondante nourriture aux racines qui le pénétreront. On voit par là les avantages qui doivent nécessairement résulter de la méthode d'alterner dans tous les pays où l'on peut semer du grain. Une raison qui doit encore y engager, c'est qu'on ne laisse aucun champ en jachère.

ENGRAIS TIRÉS DES MINÉRAUX.

Craie-Chaux-Plâtre-Marne-Suie-Boue.

Les engrais de toute espèce ne manquent point à l'homme ; la nature entière est le dépôt qui les fournit. La craie, considérée sous ce point de vue, est une chaux naturelle non calcinée ; elle agit plus faiblement qu'elle, et d'après les mêmes principes ; son emploi exige les mêmes précautions, surtout pour les terres argileuses. La meilleure manière d'employer la craie sur l'argile est de la laisser pendant plusieurs mois se combiner avec les engrais animaux ; si on a des troupeaux, c'est le cas de les faire parquer sur ces terres mélangées, et de labourer de suite la partie du terrain sur laquelle ils ont passé une ou plusieurs nuits. M. Fabroni regarde la craie comme le meilleur des engrais minéraux, en ce qu'elle fournit promptement et en grande quantité les principes qui fertilisent les terres et qui contribuent efficacement à la végétation.

Dans les pays où la chaux et le plâtre sont abondants, il convient de les préférer à la craie, parce qu'ils contiennent beaucoup plus de sel alcali, et par conséquent sont infiniment supérieurs.

Les engrais salins terreux, tels que la marne, les cendres, la suie, les démolitions des vieux bâtiments, surtout en pisay et en plâtre, les boues des rues, des routes, des mares, des étangs, ont une double action ; ils agissent physiquement comme sels alcalis, et mécaniquement comme substances divisées en molécules très fines, plus ou moins solubles dans l'eau, et par conséquent plus ou moins miscibles avec celles de la terre. Les terres retirées des fossés qui closent et limitent les champs, ainsi que celles provenant de ceux des routes répandues et enfouies deviennent très productives ; en voici la raison. On sait que la terre végétale ou humus est soluble dans l'eau, que la marne l'est également : s'il survient une forte pluie, l'eau détrempe la terre, dissout l'humus et l'entraîne dans le fossé ; mais cette eau n'a pas entraîné que l'humus, puisqu'il se trouve combiné avec les sels et les graisses, produits par la décomposition des végétaux ; elle a donc entraîné avec lui tous les principes de la végétation et les y a accumulés, surtout si le fossé ou la mare sont assez spacieux pour contenir toute l'eau sans la laisser écouler.

Cendres.

Tous les corps de la nature servent naturellement d'engrais les uns aux autres ; ils agissent ou mécaniquement comme le sable pour la division de l'argile, et l'argile pour donner du corps et de la solidité au sable, ou relativement aux substances dans leurs différents principes.

Les cendres agissent de deux manières : 1° Mécaniquement, à cause de la ténuité de leurs parties, qui, s'insinuant dans la substance compacte de l'argile, la rendent plus perméable à l'eau.

2° Comme principe salin et comme alcali, qui s'unissant intimement, à l'aide de l'eau et de l'humidité, avec les substances végétales huileuses enfouies dans la terre, forment avec elles un véritable corps savonneux très soluble dans l'eau. Dans cette combinaison, l'eau tient en dissolution, dans la division la plus extrême, le principe huileux ou graisseux, le principe salin et le principe terreux. La bulle de savon, faite au moyen d'un fétu de paille, dans lequel souffle un enfant, est la preuve la plus évidente de cette division extrême et du mélange intime de ces principes.

Dans cet état de la plus grande ténuité, l'eau, le sel, l'huile et la terre végétale ou humus, sont en état de pénétrer dans les plus petits orifices des dernières extrémités des racines capillaires et dans les pores de ces racines, enfin de monter dans les vaisseaux de la plante, d'y circuler avec la sève, et d'y porter la nourriture de la vie.

Il est aisé de concevoir maintenant pourquoi les cendres sont un excellent engrais.

Un célèbre et savant agronome, M. Fabroni, que nous venons de citer plus haut, a dit, qu'il n'y avait pas d'engrais qui réunît autant d'avantages que les cendres. » Il est persuadé qu'elles conviennent à toutes sortes de terres; elles les rendent fertiles pendant plusieurs années, sans autre secours : leurs effets ne consistent pas seulement à ameublir la terre, et à y porter des principes de fertilité; elles empêchent encore la multiplication des vers, détruisent la mousse, les lichens, qui étouffent l'herbe des prés et garantissent les blés de plusieurs maladies, notamment de la nielle et du faux ergot. Pour employer les cendres avec succès, M. Fabroni conseille de les mêler avec différents amendements fossiles, suivant la nature du sol qu'on veut fertiliser. Voici comment il propose de faire ce mélange: pour les terres légères et chaudes, les mêler avec une certaine portion d'argile; pour les terres fortes, avec de la craie; pour les terres sablonneuses avec de l'argile pourrie; pour les argileuses, avec du gravier et de la craie. Pour les vignobles, on ne doit les employer que lorsque les vignes ont poussé les feuilles. Quant aux prés, le mieux est de les jeter sur le sol.

Il ne faut cependant pas que les terres soient trop surchargées ; tout doit être dans une juste proportion ; c'est au cultivateur à juger des quantités qu'il convient de mettre.

Un excellent moyen de se procurer des cendres à peu de frais, c'est de brûler les terres ; on enlève la superficie d'un terrain chargé de plantes à quelques centimètres d'épaisseur, on en fait des tranches pour en former de petits fours, on y met le feu et on répand ensuite sur le sol cette terre réduite en cendres. On brûle ou écobue ordinairement les friches chargés de bruyères et de mauvaises herbes, les prairies destinées à être converties en terres à grains au moins pendant quelques années, les luzernières, les esparcettes qu'on veut dérompre. Le grand art de l'écobuage consiste à enlever seulement une portion de terre pénétrée par les racines, la portion simplement terreuse devenant inutile, soit qu'on l'enlève avec l'écobue, soit avec la charrue. Les avantages de l'écobuage sont de détruire les mauvaises herbes et leurs semences.

Les cendres, qui proviennent aussi des bruyères, lorsqu'on les défriche en les brûlant, forment également un excellent engrais. Le brulis a un avantage bien marqué sur la méthode de défricher en enterrant par le labour, en ce qu'il détruit la tige, les racines et même les graines, que la charrue sillonne plus aisément et fatigue moins le bétail.

Cendre gravelée ou clavelée.

Il n'y a point de petite économie pour celui qui habite la campagne; ne rien perdre est son bénéfice, et il doit toujours avoir les yeux ouverts pour se le procurer. Les grands possesseurs de vignes ont nécessairement beaucoup de vins; le vin dépose ordinairement beaucoup de lie dont la valeur est nulle pour eux. On peut leur dire : après avoir soutiré, faites écouler la lie dans des vaisseaux ou réservoirs destinés à cet usage. Lorsque vous ferez relier vos tonneaux, faites-les ratisser exactement afin de les dépouiller de la lie et du tartre qu'ils contiennent, rassemblez l'un et l'autre et portez-les dans vos réservoirs; quand ces substances seront sèches, tirez-en un parti lucratif en les convertissant en cendres; en voici le procédé : Faites une couche de bois quelconque, formez-en une autre par-dessus avec cette lie parfaitement desséchée et ainsi de suite de couche en couche jusqu'à ce qu'elles s'élèvent à la hauteur que vous jugerez convenable, puis mettez-y le feu et calcinez-les ; la chaleur doit être assez vive pour faire fondre le sel, mais non pas pour vitrifier les cendres qui se trouvent mêlées avec lui. Lorsque la masse totale sera refroidie, passez au crible serré, afin que la cendre se sépare, et il sera aisé ensuite d'enlever avec la main la partie charbonneuse qui se trouvera mêlée avec le sel; portez-le dans un lieu sec, et enfermez-le dans des barriques dont un fond aura été enlevé. A chaque lit que vous y mettez, faites piler, afin qu'il ne reste pas de vide; plus le sel alcali sera pressé; mieux il se conservera. Lorsque la barrique sera pleine, remettez son fond et cerclez à la manière ordinaire. Ces précautions sont indispensables, parce que l'humidité de l'air est attirée puissamment par le sel; s'il a été bien fondu, elle le sera beaucoup moins. Telle est la cendre gravelée, qu'on vend dans le commerce. On pourrait dire également aux distillateurs d'eaux-de-vie: pourquoi laissez-vous perdre les vinasses qui sortent des chaudières après en avoir retiré l'esprit? Pourquoi ne pas avoir de grandes fosses placées les unes à côté des autres pour les recevoir? Comme on distille beaucoup de vins nouveaux souvent troubles et épais, ils contiennent le tartre et la lie dont ils n'ont pas eu le temps de se dépouiller; qu'on dépose l'un et l'autre dans ces fosses. Lorsque le temps de la distillation sera passé ou bien quand la chaleur aura fait évaporer la partie fluide qu'ils contiennent, on en retire le dépôt; on le fai sécher et on le calcine ensuite. Si en commençant l'opération, on remplit les fosses avec des sarments ou autres bois qui laissent des vides entr'eux, on trouvera ces sarments couverts de cristaux de tartre et imprégnés intérieurement de cette substance. Il ne s'agira plus que de brûler le tout pour en obtenir la cendre gravelée. Ce n'est point une petite économie que nous proposons; elle est d'autant plus considérable qu'elle ne coûte ni peines, ni soins ni dépenses; tout est bénéfice.

ENGRAIS TIRÉS DE VÉGÉTAUX.

Plantes marines. Algues - Varechs.

L'usage le plus essentiel que l'on doit faire des plantes marines telles que l'algue, le varech, est de les brûler pour en avoir les cendres et les employer dans cet état comme engrais. Sur les bords de l'Océan et de la Méditerrannée, les habitants des côtes ramassent les algues que la mer porte sur le rivage et les font sécher ; c'est à tort, ils n'en retirent pas ainsi tout l'avantage qu'il conviendrait; le soleil, en les desséchant et la pluie en les lavant font disparaître la majeure partie des sels dont ils sont imprégnés; ceux qui les jettent sur leur terrain aussitôt qu'ils les retirent ne font pas mieux ; c'est donner à la terre trop de sels à la fois:

ce sel ne trouve pas dans son sein assez de substances animales ou alcalines pour se combiner avec elle.

Ne vaut-il pas mieux, et j'en ai l'expérience, faire une couche de cinquante centimètres de haut de ces algues imbibées et pénétrées de l'eau de la mer, les saupoudrer assez fortement avec de la chaux pulvérisée ou éteinte naturellement à l'air, recouvrir le lit avec de la terre mêlée avec cette chaux sur une hauteur de cinquante-cinq millimètres, et recommencer ainsi couche par couche jusqu'à ce que l'on en ait formé un monceau de dix-huit à vingt-deux centimètres sur quatorze ou dix-sept centimètres de long terminé en pointe. Le monceau fini, il convient de le bien battre tout autour afin de former pour ainsi dire une croûte impénétrable à l'eau ; il s'établira dans le centre une chaleur assez forte, les sels travailleront, s'uniront avec la terre, et enfin un an après on aura un engrais excellent pour tous les genres de culture. L'algue, il est vrai, ne sera pas encore détruite; mais elle sera susceptible de l'être bien plus promptement lorsqu'on l'enfouira; la trop grande abondance de sel marin s'opposant auparavant à sa destruction, il n'en coûtera donc que l'avance et l'attente d'une année.

Sans l'union de la chaux avec les algues et la terre, il est inutile de faire les monceaux dont on a parlé; ce serait travailler en pure perte. L'algue mise simplement en tas sans addition de quelqu'autre substance demande plusieurs années pour être réduite en terreau; il est vrai qu'ainsi elle jouit du double avantage 1° de diminuer beaucoup de volume; et par conséquent un tombereau chargé de cet engrais porte en une fois une quantité égale au moins à la valeur de trois remplis d'algues fraîches; 2° à l'état frais, il est difficile de l'enterrer avec la charrue, et ce qui reste sur la terre exposé au soleil a bientôt perdu toute sa substance, au lieu qu'en terreau elle se mêle et s'enfouit exactement quand on laboure. Si on craint que ce terreau fasse verser les moissons par sa trop grande abondance de sels, il suffit d'en mettre une moins grande quantité et de la proportionner à la nature du terrain. D'ailleurs en semant plus clair on ne courra pas les risques de voir les tiges plier sous le poids des épis.

Quant aux varechs que l'on appelle aussi dans quelques-unes de nos provinces maritimes Goëmon, si on les rassemble en monceaux et qu'on les laisse se putréfier et se réduire en terreau, opération un peu longue à la vérité, ils fournissent un excellent engrais du genre salin, composé d'alcali et de la partie de sel marin qu'ils retiennent. De tels engrais cependant ne sont utiles qu'autant qu'ils sont employés dans les terrains déjà assez abondamment pourvus de substances graisseuses, animales, avec lesquelles ils se combinent à merveille et forment les matériaux de la sève. On peut aussi employer le varech en nature sans être décomposé, c'est-à-dire tel que la mer le rejette; dans cet état il maintient la fraîcheur de la terre et empêche sa trop grande évaporation. Un avantage que les habitants des bords de la Méditerranée devraient se procurer, en imitant l'usage où sont ceux du littoral de la Normandie, serait de brûler le varech à l'effet d'en obtenir le salin, cette préparation si utile au commerce et qui répand une certaine aisance dans ces contrées. Voici comment ils procèdent; ils étendent le varech ou goëmon sur la plage, le laissent sécher, puis l'amoncellent, y mettent le feu; d'autres varecchs s'enflamment à l'aide de ceux qui brûlent déjà; la combustion devient générale dans toute l'étendue du fourneau ; la soude s'y forme à mesure qu'ils se consument, et précipitée au fond lorsque les plantes ont été totalement brûlées, elle y devient fluide, s'y condense en se refroidissant et acquiert la solidité de la pierre.

PLANTES TERRESTRES.

Feuilles - Genêts - Pailles - Marcs.

Voici un moyen peu coûteux de se procurer de bon fumier si on demeure près d'un bois ou sur la lisière d'une forêt. Lorsque les travaux de la saison sont à peu près terminés, que les femmes et les enfants s'occupent, à la chute des feuilles, à les ramasser, qu'elles fassent ample provision de genêts ou autres plantes inutiles, que la paille, les balles de blé, d'orge, d'avoine qui ne sont point consommées par les bestiaux ou pour leur litière soient jetées dans des fosses profondes jusqu'à les remplir entièrement, et sur chaque couche de trente à soixante centimètres qu'on répande de huit à dix centimètres de bonne terre gazonnée, si l'on peut s'en procurer. Les pluies d'hiver pénétreront jusqu'au fond; la fermentation s'y établira; elle sera augmentée par la chaleur de l'été et insensiblement le tout se convertira en terreau. La couche de terre supérieure doit être de quatorze à dix-huit centimètres d'épaisseur et assez compacte pour empêcher l'évaporation des principes; sans cette dernière précaution cet engrais perdra plus des deux tiers de sa valeur. Outre ces engrais végétaux simples il en existe encore d'excellents; par exemple les marcs de raisin, des olives, des noix, des graines de colzat, de cameline dont on aura retiré l'huile, à moins qu'on ne préfère les donner aux bestiaux, celui des olives excepté.

Engrais tirés du Règne animal.

Comme engrais tirés du règne animal, on peut indiquer les chairs, le sang, les os, les cornes, les urines, les excréments, les poils, les laines, en un mot tout ce qui a appartenu aux quadrupèdes, aux oiseaux, aux poissons, aux insectes, etc.

Les fumiers d'été sont préférables à ceux d'hiver, parce que les animaux ont alors une nourriture fraîche qui contient réellement plus de principes aqueux et huileux; l'expérience démontre qu'ils sont plus actifs et plus propres à la végétation.

Fumier produit par les Chevaux, Mulets, Anes.

Les excréments du mulet, du cheval, de l'âne, sont appelés engrais chauds, par la facilité qu'ils ont de fermenter lorsqu'ils sont rassemblés en tas, et par conséquent d'acquérir un degré de chaleur plus considérable. C'est la plus grande de toutes les erreurs de les employer frais ; car il est démontré qu'un tombereau de ce fumier bien consommé produira plus d'effet que six de fumier nouveau. On dira peut-être que le contenu de ce tombereau est le résidu de six; supposons que cela soit : compte-t-on pour rien les frais de transport.

Fumier produit par les Bœufs et les Vaches.

Les excréments du bœuf, de la vache, sont communément appelés engrais froids ; ils ne sont cependant pas *intrinsèquement* plus froids que ceux du cheval, du mulet et de l'âne ; ils sont moins actifs parce qu'ils ont moins de principes constituants ; cela provient de la rumination, car en général la nourriture est à peu près la même pour ces deux espèces d'animaux ; mais le bœuf et la vache s'approprient en ruminant plus de substances nutritives que le mulet et l'âne. Le fumier du bœuf n'étant pas un engrais aussi puissant que celui du cheval, convient mieux aux terres maigres parce que, contenant moins de sel, il les brûle moins.

La bouse de vache est plus aqueuse

que le crotin ; rassemblée en masse, elle fermente moins, elle est très utile pour les terrains secs et sablonneux, parce qu'elle se décompose lentement ; ces deux fumiers, sortis du monceau, ont une chaleur égale; le thermomètre le prouve. Pour donner plus d'activité au fumier de bœuf, il faut faire de distance en distance de petites couches de chaux réduite en poudre lorsqu'on le met en tas pour fermenter.

La fiente que ces animaux répandent sur les blés est en grande partie un engrais perdu; il est évident que, jetée çà et la lorsqu'ils pâturent, elle est bientôt desséchée par l'ardeur du soleil; son activité volatilise, dissipe les sels et le principe huileux qu'elle contient ; il ne reste plus que la partie terreuse de l'excrément, tandis que la bouse, rassembléeen masse, fermente, éprouve dans sa totalité de nouvelles combinaisons, et ne perd aucun de ses principes.

Fumier produit par le Mouton et le Cochon.

Les excréments du mouton sont vraiment salins et graisseux : par conséquent susceptibles d'acquérir une forte chaleur par la fermentation, c'est pour cette raison qu'ils exigent plus qu'aucun autre fumier d'être mis à l'abri du soleil.

Ceux du cochon sont un engrais très actif ; cette grande activité provient de ce que cet animal rend avec promptitude la nourriture qu'il a prise. Plusieurs auteurs ont assuré que l'usage de ce fumier était très dangereux ; ils ont eu raison si on l'emploie frais ; mais amoncelé, mélangé avec la paille, s'il fermente un temps convenable, il devient alors excellent, surtout pour les terres froides.

Engrais produits par les volailles. De la Colombine.

La fiente de pigeon appelée colombine est le plus actif de tous les engrais; elle est chaude, elle brûle les plantes si on la mêle avec la terre avant qu'elle ait jeté son feu. Avant de s'en servir, on doit l'amonceler au moins pendant une année, et encore vaut-il mieux la réduire en poudre, et lorsqu'elle est bien sèche, la répandre sur les blés, sur les chanvres dans la saison des pluies; de cette manière elle est très utile; si on s'en servait pendant la sécheresse, elle nuirait au contraire. Si on ne veut courir aucun risque, il est plus prudent de ne s'en servir que pulvérisée, et mieux encore de la mêler avec du fumier ordinaire, de la laisser long-temps fermenter avec lui. La colombine répandue sur les blés fait périr les mousses et autres plantes de cette famille. Les cendres de charbon de bois, de charbon de terre produisent le même effet, ce qui prouve que ce n'est pas aux parties graisseuses de cet engrais, mais seulement à l'activité du sel alcali qu'il contient que cette destruction est due.

La fiente des coqs, poules, dindes, etc., a les mêmes propriétés que la Colombine et peut servir aux mêmes usages, mais elle est un peu moins chaude.

Des excréments humains.

Cet engrais produit de merveilleux effets; on doit ajouter aussi de funestes, s'il n'est pas employé convenablement; frais, il brûle, il corrode; sortant des latrines, il est encore plus dangereux; seul et sans mélange, la première année qu'on l'emploie, s'il ne détruit pas les plantes, il leur donne une odeur et une saveur détestable ; le moyen de prévenir cet inconvénient fâcheux, c'est de le laisser exposé à l'air en le préservant toutefois de la pluie, pendant deux et même trois années.

Plusieurs cultivateurs le font entièrement sécher puis le réduisent en poudre ; c'est la meilleure manière de l'employer.

Après avoir extrait les matières stercorales des fosses (Il est étonnant que dans leur propre intérêt, les propriétaires des fermes n'en procurent pas aux domestiques et personnes qui y sont attachés ; puisqu'une habitation de huit ou dix individus peut fournir par an dix charretées de ce fumier, y comprenant la paille et la terre, il est donc à propos et plus utile qu'on le pense d'en établir) ; on les porte dans l'endroit à ce consacré ; là, sur un lit de seize à dix-huit centimètres, on les couvre d'une couche de terre de huit à dix centimètres d'épaisseur, afin de retenir la chaleur dans la masse. Lorsqu'on s'aperçoit que l'eau commence à s'évaporer, il ne faut pas attendre pour arroser le moment de siccité complète surtout dans les chaleurs; car ce fumier prendrait bientôt le blanc, et se consumerait en pure perte; pour cela il faut faire des trous, afin que l'eau qu'on jettera pénètre dans toutes les parties, puis les boucher avec de la terre. Au bout de deux ans on peut employer ce fumier avec toute sécurité, surtout pour les terrains compactes et argileux. On objectera peut-être que les plantes peuvent en contracter un mauvais goût, une mauvaise odeur; cela serait juste si on l'employait frais et en forte quantité; mais préparé comme il vient d'être dit, nous avons la preuve la plus convaincante du contraire. Outre les engrais dont nous venons de parler, ceux que l'on tire des voiries tels que les excréments, le sang, les intestins, ne sont point à négliger, mais ils doivent préalablement fermenter long-temps dans les cours à fumier.

Observations sur la chaleur des fumiers.

Quand on a laissé long-temps les matières animales et végétales accumulées les unes sur les autres exposées au grand air et à toutes ses influences, leurs principes constituants agissent bientôt, se décomposent, se combinent ensemble et forment de nouveaux mixtes; mais cette action et cette réaction mutuelles ne peuvent avoir lieu sans une production de calorique, qui naît du mouvement, du frottement et de la pénétration ; ce calorique est quelquefois assez fort pour monter jusqu'à trente-trois degrés. L'agriculture et le jardinage en ont su tirer parti; les fumiers considérés comme produisant de la chaleur sont employés dans les terres labourables, les vignes, les couches et les réchauds de jardinage; mais il faut bien faire attention que cet effet ne soit produit que dans le temps où tous les principes sont en action; car une fois passé, tout cesse avec le mouvement intestin: rien ne le prouve mieux que les couches de fumier et de terreau; quand on commence à les employer, elles ont un degré de chaleur assez considérable qui augmente même si la fermentation se soutient et diminue insensiblement avec elle; à la fin ces couches ne reçoivent plus que le calorique de la terre qui les environne; six semaines ou deux mois au plus est le temps qu'il faut pour cela. On doit se donner bien de garde d'employer pour produire un certain degré de chaleur, du fumier trop consumé, trop avancé; on manquerait son but; c'est au laboureur à connaître le point le plus propre pour les usages auxquels il le destine. Il faut aussi bien se donner de garde de le laisser chancir; il chancit pour trois raisons. 1° Lorsqu'il a été tenu trop au sec; alors il se brûle, se consume et se réduit. 2° Lorsqu'après avoir été noyé d'eau, on le tire de la mare et que par des pluies continuelles ou d'autres raisons il reste longtemps encore pénétré d'une trop grande humidité. 3° Enfin parce que n'éprouvant plus aucune fermentation, il n'en résulte aucune recombinaison de ses principes.

Dans cet état la moisissure, la chaussure le gagnent, et il n'a même plus les qualités dont il était doué en sortant de l'écurie. Par la suite de la trop grande, trop longue et trop forte fermentation, les couches ou mieux les fourchées de fumier pailleux, prennent dans leurs interstices une couleur blanchâtre, ce qui lui ôte toute sa force; alors il n'est utile que quand il se change en terreau; le blanc ne survient pas ordinairement au fumier qui est étendu et pas trop amoncelé; ces couches blanches et chancies ont lieu dans l'été si on n'a pas soin de temps à autre d'arroser et de faire en sorte de rendre à l'intérieur la portion d'humidité qui s'en exhale. Le monceau trop sec n'est pas exposé au blanc, mais cette dessiccation trop forte permet l'évaporation de la majeure partie de ces principes. Il faut un juste milieu en tout, et il vaut mieux que la base soit dans une petite quantité d'eau que d'être sans humidité.

D'après le résumé que nous venons de faire des divers engrais que l'on emploie généralement, résumé trop long peut-être pour l'étendue de cet ouvrage, c'est au cultivateur maintenant à comparer et à donner la préférence à celui qui lui semble mieux la mériter en appelant à son aide et son expérience et sa sagesse.

Quoique sachant que tout est subordonné à la nature du terrain, aux productions du sol, nous ne saurions néanmoins assez engager les fermiers à faire le plus qu'ils pourront usage des engrais produits par la cendraison, comme étant ceux qui nécessitent le moins de dépenses et dont les effets sont les plus efficaces.

Moyens de détruire les Rats et Souris.

Lorsque le laboureur, récompensé de ses peines par d'abondantes récoltes, voit avec satisfaction ses granges regorger de grains de toute espèce, ne doit-il pas veiller à leur conservation? Si son œil vigilant se ferme, si son attention se détourne de cet objet, il ne manquera pas d'ennemis qui l'en feront repentir; les rats, les souris sont des hôtes trop incommodes pour qu'il ne cherche pas sinon à les détruire entièrement, du moins à les éloigner. Ces animaux sont trop connus pour perdre notre temps à les décrire; on sait combien ils nuisent aux blés, aux fruits, de quelle manière les souris infestent les maisons en rongeant tout ce qu'elles trouvent.

Le seul moyen de prévenir la destruction que font tous les gros rats dans les colombiers en mangeant les pigeons qui sont encore dans leurs nids, est de rechercher bien attentivement les ouvertures par lesquelles ils s'introduisent, et de les boucher avec de la maçonnerie ; pour les empêcher de monter par les angles, on a soin de les couvrir en partie avec deux feuilles de fer-blanc placées l'une sur l'autre ; cela suffit quand le colombier est isolé.

Dans les greniers, dans les magasins à blé, on a la détestable habitude, pour leur donner la mort, de mêler de l'arsenic avec de la farine ; on s'en sert également contre les souris ; il résulte de là, que des enfants, des grandes personnes même sont victimes de cette imprudence. L'expérience de tous les temps a prouvé que la noix vomique était un poison pour tous les animaux ; c'est donc le cas de s'en servir ici, et nous l'avons fait avec succès. Les rats aiment singulièrement les raisins desséchés ; on choisit les grains les plus beaux, on les ouvre par le milieu, on sème l'intérieur de noix vomique réduite en poudre aussi fine que la farine, puis on réunit les deux moitiés; ainsi préparées, on les place dans les parties les plus fréquentées par les rats. On s'aperçoit bientôt par les débris de leurs pellicules que les grains ont été mangés sur place, ou que ces animaux les ont emportés dans leur retraite.

On les remplace successivement par d'autres; mais il faut avoir soin de changer ce mélange au bout de huit jours, parce que les rats n'en veulent plus lorsqu'il y a trop long-temps qu'il est exposé à l'air. Il y en a qui rebutent la noix vomique à cause de son amertume; dans ce cas, comme dans tous les autres, le tartre émétique la supplée efficacement; il n'a ni odeur, ni saveur; nous répondons de ce dernier moyen. Quant aux souris, depuis que nous nous servons du fruit de marron d'Inde, bien desséché, râpé avec son écorce, pilé, tamisé, réduit en poudre très fine et mêlé à la dose d'une contre deux parties de farine, nous n'en voyons ni n'entendons aucune, tandis qu'auparavant quatre chats ne suffisaient pas pour en débarrasser notre habitation.

Moyens de détruire les Taupes et Mulots.

Quoique les taupes aient le sens de l'ouïe très délicat, il est très facile de les détruire sans se servir de taupières, si on les poursuit avec persévérance, et c'est toujours la faute d'un propriétaire si ses champs et ses prairies en sont infestés. On sait que ces animaux préfèrent les terrains forts ; leurs galeries s'y conservent pendant plusieurs années, aux terrains pierreux, car les cailloux s'opposent à leurs fouilles et dérangent leurs directions.

Le premier soin est d'affaisser les

monticules qui se trouvent au-dessus du sol ; ces monticules sont autant de soupiraux qui laissent introduire l'air dans les galeries. Incommodée et ne pouvant respirer librement, la taupe les rétablira à trois époques bien marquées, le matin, le midi et le soir. On examine alors de quel côté elle pousse la terre en déhors, puis avec une bêche ou large pelle ferrée qu'on enfonce vivement et profondément du côté opposé à celui où elle se dirige, on enlève la terre avec prestesse ; la taupe s'y trouve et on la tue. Il ne faut pour réussir qu'un peu d'habitude ; nous avons vu un jardinier si expert qu'il pariait d'en prendre douze de suite de cette manière sans en manquer une ; le fait confirmait toujours son dire. C'est dans les premiers jours du printemps, époque à laquelle la taupe met bas, ce qu'elle renouvelle souvent, qu'il faut commencer cette chasse, si on ne lui préfère cet autre moyen. Faites bouillir des noix dans de la lessive, puis mettez-les dans les trous de taupes ; l'animal les mangera et périra infailliblement. Cette dernière expérience, que l'on peut appliquer pour la destruction des mulots, a été couronnée d'un plein succès.

Moyens de détruire les Charançons.

Cet insecte est assez connu des cultivateurs pour parler de leurs différentes espèces ; aussi nous étendrons-nous seulement sur celle que jusqu'à présent on a cherché à détruire.

Pendant long-temps on a cru qu'un monceau de blé échauffé ou des grains que l'humidité avait fait germer, engendraient des charançons ; des observations plus exactes ont détruit là-dessus toutes les erreurs que l'ignorance avait accréditées; cet insecte ovipare pond des œufs d'une petitesse extrême; ils produisent un petit ver qui, après avoir pris son accroissement, se change en chrysalide d'où sort l'insecte parfait; ce n'est que sous cette dernière forme qu'il s'accouple pour reproduire son espèce, en mettant au jour une nombreuse famille, qui, vivant aux dépens des grains, nous cause de si grands dégâts. Son accouplement est toujours relatif à un certain degré de chaleur; quand elle monte à dix ou douze, elle suffit pour donner aux charançons l'activité nécessaire pour cet acte reproductif; quand elle est au-dessous de huit ou neuf, ils n'ont plus assez de vigueur et restent dans un état de repos voisin de l'engourdissement; s'il fait froid, ne pouvant prendre aucune nourriture, ils sont tout-à-fait incapables de nuire. On peut donc assigner l'époque de l'accouplement au retour du printems, surtout dans les pays où cette saison est assez favorable. Il s'écoule au moins quarante à quarante-cinq jours jusqu'à ce qu'il paraisse sous son entier développement; on voit par là que dans une année il y a plusieurs portes, la femelle s'accouplant très souvent, surtout dans les contrées méridionales, où ils multiplient encore davantage. On a évalué que dans l'espace de cinq mois, du quinze avril au quinze septembre, une seule paire produisait six mille quarante-cinq œufs.

Dès que la femelle a été fécondée, elle s'enfonce dans les grains, y fait un trou qu'elle dirige obliquement, y dépose ses œufs, ayant soin, pour plus de sûreté, de n'en mettre qu'un dans chaque ; ils ne tardent pas à éclore au bout de quelques jours, il en sort une petite larve qui se loge dans l'intérieur du grain pour prendre son accroissement en rongeant la substance farineuse. C'est dans les tas de blé, à quelques pouces de profondeur, qu'on trouve les charançons, et non pas à la surface, à moins qu'on ne les ait troublés et qu'effrayés ils cherchent à s'enfuir. On ne peut guère connaître à la vue les grains qui sont attaqués, parce que ces insectes épargnent l'enveloppe, de sorte que ceux dans lesquels ils sont logés, ont la même forme, la même apparence, paraissent aussi gros, aussi pleins que ceux qu'ils n'ont pas touchés. La meilleure manière de reconnaître leur présence est d'en jeter plusieurs poignées dans l'eau ; ceux qui surnagent annoncent qu'ils ont perdu une partie de leur substance. Tant que dure. La chaleur, ils ne quittent pas les tas de blé, mais à l'approche de la saison rigoureuse, ils les abandonnent, parce qu'ils ne sont plus pour eux une retraite assez chaude ; ils se retirent alors dans les fentes des murs, dans les gerçures de bois des planchers ; on les trouve aussi derrière les tapisseries, dans les cheminées, enfin partout où ils peuvent trouver une retraite qui les garantisse du froid ; ceux qui naissent alors meurent ordinairement avant d'avoir pu gagner un asile où ils puissent braver les rigueurs de la saison.

Tous les moyens que l'on a employés pour détruire ces insectes ont eu jusqu'à présent si peu de succès qu'on ne doit pas craindre de faire tort à ceux qui les ont inventés de dire que ce sont des recettes inutiles ; ils consistent la plupart dans des fumigations et décoctions d'une odeur forte et désagréable qui ne les incommode point, et dont le résultat peut être considéré comme nul.

M. Duhamel renferma des grains, où ils s'étaient établis, dans une boîte vernissée d'huile essentielle de térébenthine sans qu'ils en aient souffert; cela prouve que toutes les odeurs qui nous paraissent si répugnantes, ne leur nuisent point de manière à les faire périr.

La fumée de soufre, si active pour rompre l'élasticité de l'air, agit sans succès pour les suffoquer; d'ailleurs ils sont si attentifs à éviter les moindres dangers qui menacent leur vie, qu'ils s'enfoncent dans les tas de blé au moindre signe de péril, et c'est-là qu'à l'abri des moyens qu'on emploie pour les détruire, ils bravent nos efforts, qu'ils rendent inutiles; car ni les odeurs ni la fumée n'arrivent jusqu'à eux.

M. Joyeuse assure dans son mémoire qu'une chaleur subite de dix-neuf degrés est suffisante pour faire périr les charançons sans brûler les blés; il observe que le changement de température doit être occasionné promptement; il préfère cependant se servir d'un ventilateur dont l'effet serait d'entretenir un air assez froid pour que ces insectes soient réduits à ne faire aucune des fonctions nécessaires pour conserver leur existence et multiplier. Cette idée a été mise à exécution par M. Duhamel qui, après avoir employé cet instrument dans un de ses greniers où ils pullulaient, n'en retrouva pas un seul l'année suivante.

L'expérience faite par M. Lottinger consiste à troubler ces insectes lorsqu'ils se disposent à s'accoupler et à faire leurs pontes, en remuant le blé pour les forcer à s'éloigner, puis à les exterminer et à les faire mourir avec de l'eau bouillante que l'on verse sur eux. Voici la manière : lorsqu'au retour du printemps on s'aperçoit de leur présence dans les monceaux de grains qui ont passé l'hiver dans les grèniers, il faut en former un petit tas de cinq ou de six mesures qu'on place à une distance convenable du tas principal ; on remue avec une pelle le blé où ils sont établis ; les charançons, qui aiment la tranquillité, se voyant tourmentés dans leur asile, cherchent à fuir pour éviter le danger qui les menace ; voyant un autre tas à côté de celui d'où on les force de s'éloigner, ils courent s'y réfugier espérant qu'on ne les inquiétera point dans cette retraite. Il est rare qu'ils cherchent les murs pour se sauver quand ils voient à leur portée des grains où ils peuvent se retirer; cependant s'il y en a qui cherchent à gagner pour éviter la mort qui les attend, d'autres endroits que celui où on veut qu'ils se réfugient, c'est aux personnes qui veillent sur leur fuite à avoir soin de les rassembler avec un balai vers le tas où les autres se dirigent ; cela est d'autant plus facile, que cet insecte ne bouge plus, contrefait le mort dès qu'on le touche.

On peut le conduire où on veut sans craindre qu'il s'y oppose; il ne se réveille de son état de mort apparente que quand on ne l'inquiète plus et qu'il s'aperçoit qu'on ne songe plus à lui. Lorsqu'ils sont tous rassemblés dans le petit monceau que l'on a formé pour les recevoir, on apporte de l'eau bouillante; on la verse sur le blé, qu'on remue en même temps avec une pelle afin que l'eau pénètre partout avant de se refroidir; tous les charançons meurent à la minute brûlés et étouffés. On étend ensuite le blé afin qu'il puisse sécher; après quoi il est facile en le criblant d'en séparer les insectes morts.

Il faut observer qu'il est essentiel de faire cette opération au commencement du printemps, afin de prévenir la ponte; si on la faisait trop tard, ce moyen serait infructueux, parce que les œufs déposés et collés aux grains dont ils ne se séparent point quoiqu'on les agite avec violence, donneraient une génération qui détruirait tout le blé que l'on veut conserver. La génération qui existe n'est dangereuse qu'en donnant naissance à celle qui lui succède; c'est donc celle-là qu'il faut prévenir en détruisant celle qui lui donnerait existence.

Ce procédé de M. Lottinger, aussi simple, facile que peu dispendieux, mérite l'attention des personnes qui s'intéressent à la conservation des grains. Il peut être exécuté en grand comme en petit, sans occasionner des dépenses considérables; ce qui est souvent cause que les projets restent sans exécution parce qu'on est effrayé des frais qu'ils nécessitent.

Moyens d'assainir les greniers et de les préserver des Charançons.

Avant de déposer les grains dans les greniers lorsqu'on y suppose encore la présence des charançons, voici comme on procède pour ne plus avoir rien à craindre d'eux. On ramasse d'abord dans les prairies et les champs une quantité suffisante de plantes mucilagineuses et oléagineuses, que la nature fournit dans les divers pays, telles que les mauves de toute sorte, le chervis, le bouillon blanc, l'ache des montagnes, le panais et la carotte sauvages, la ciguë, le lin, ainsi que sa graine, le bluet, le chardon, les mauvais champignons, les orties, etc. auxquelles on joint des feuilles de noyer, de laurier, de pêcher surtout, de tabac et même de plantes aromatiques. On fait bouillir toutes ces plantes avec une égale quantité d'eau ; on les laisse fermenter et on en retire par expression une liqueur glutineuse que l'on recueille avec soin. Afin de rendre cette liqueur plus active, on introduit dans la chaudière, au moment de l'ébullition, de la chaux vive, qui détermine la fermentation et favorise le dégagement et la formation de la liqueur visqueuse; la quantité de cette chaux ne peut être fixée, parce qu'elle dépend de l'espèce de plante que l'on a cueillie: l'expérience seule apprend combien il faut en mettre. La fermentation des plantes tant oléagineuses que mucilagineuses est l'affaire de peu de jours ; la liqueur que l'on en tire doit avoir la consistance d'une huile grasse et visqueuse. Lorsqu'on a obtenu cette liqueur, on verse sur le résidu une certaine quantité d'eau, dans laquelle on met une portion quelconque de chaux qui la rend blanchâtre. Ces préparations faites, on ouvre les portes et les fenêtres de la grange ou grenier que l'on veut assainir en choisissant un beau jour; on dispose quelques paquets des mêmes plantes fraîches et de paille dans les parties les plus obscures de la grange, sans toutefois qu'ils touchent les murs, autour desquels avec un gros pinceau de peintre en bâtiment ou un petit balai de crin, on étendra sur un cordon glutineux de quatre à cinq décimètres de hauteur, une bonne couche de la matière visqueuse. Cette préparation étant terminée, on prendra une pompe de jardin à deux clapets, qui puisse aspirer et refouler avec force l'eau qu'on aura préparée avec le résidu de la fermentation des plantes; on ajoutera au tube injecteur de cette pompe un tuyau en cuir ou en toile imperméable et à l'extremité duquel on mettra un ajustage arrosifère percé de trous comme ceux d'un arrosoir, et au moyen d'une perche on la dirigera dans tous les sens pour lancer la liqueur, dans les planchers, dans les cavités des murs, dans tous les interstices des poutres et des toitures. Après avoir acquis la certitude que l'on a ainsi pénétré dans les retraites des charançons visibles et invisibles, car ils sont souvent si petits que l'œil ne peut les apercevoir, on balaie la grange avec soin, on brûle toutes les pailles qui pourraient s'y trouver, ainsi que les paquets d'herbes, et l'on nettoie l'espace couvert de la matière visqueuse, formant le cordon glutineux, sur lequel sont venus s'attacher successivement tous les charançons vivans qu'on a également soin de brûler. Si l'on ne dépose que des blés nouveaux dans la grange, et qu'on les garantisse de l'humidité, le charançon y reviendra difficilement; mais comme il est possible que cet insecte soit apporté par quelque plante ou toute autre cause, il sera convenable de renouveler l'assainissement de la localité d'année en année.

Moyens propres à faire connaître la qualité des farines.

Nous ne ferons pas ici l'énumération des diverses épreuves usitées dans le commerce pour s'assurer d'une manière certaine de la valeur des farines ; nous allons nous borner aux principales.

On prend une poignée de farine ; après l'avoir comprimée dans la main, on rend la surface extrêmement unie, avec la lame d'un couteau, et se tournant vers le jour le plus clair, et changeant de position, on juge de sa blancheur, de sa finesse, si elle est piquée, et enfin si elle contient du son.

Voici un autre moyen que l'on peut également employer : on prend la quantité de farine que le creux de la main peut contenir; puis avec de l'eau fraîche, on en fait une boulette qui ne soit pas trop consistante; si la pâte qui en résulte s'affermit promptement à l'air, si elle prend du corps sans se séparer, c'est alors un signe que la farine est bien faite, que le blé qui l'a fournie est de bonne qualité; si au contraire la pâte mollit, s'attache aux doigts en la maniant, qu'elle soit courte et se rompe volontiers, on en conclut que la farine est de qualité inférieure, qu'enfin elle est altérée, si à cette circonstance elle ajoute celle d'avoir une odeur désagréable et un mauvais goût.

Moyens de conserver les raisins.

On connaît le plus haut point de maturité auquel le raisin puisse parvenir dans le climat que l'on habite par la couleur des grains, par la pâleur des feuilles, et surtout par le dessèchement du pédoncule et de la rafle. Tant que la queue et la grappe sont encore vertes, c'est une preuve que la sève y circule et qu'elle parvient jusqu'au grain ; ainsi il n'est pas encore au degré de maturité qu'il est susceptible d'atteindre.

Mais dès que la rafle et son pédoncule sont devenus de couleur brune, dès qu'ils ont pris une consistance tout-à-fait ligneuse, il ne filtre plus de sève; ils n'ont plus rien à communiquer au fruit, il est temps alors de le cueillir. Quelques bons vignobles, il est vrai, ont l'usage de laisser le raisin aux ceps assez long-temps encore après cet indice de maturité, pour lui faire perdre son eau surabondante, pour concentrer encore le muqueux sucré ; mais, comme le raisin de treille est destiné à être conservé dans le fruitier, et que c'est là qu'il doit se perfectionner, si on l'exposait aux premières gelées, son enveloppe durcirait, et il serait beaucoup moins agréable au goût. Il faut être bien plus délicat sur le choix d'un beau jour, pour récolter le raisin, que pour cueillir tout autre fruit ; car pour se conserver il veut être rentré très sec.

A mesure que le coup de ciseau sépare la grappe de la treille et qu'on en a détaché avec une aiguille tous les grains suspects, étendez légèrement les grappes sur des claies garnies d'un lit de mousse bien sèche; ne les touchez que le moins possible, isolez-les, et quand ces claies seront couvertes d'une simple couche de fruit, faites-les transporter comme une civière par deux personnes qui éviteront avec soin les heurts et les secousses, et vous les déposerez dans un lieu tout-à-fait exempt d'humidité ; il est inutile de dire qu'elles ne doivent pas être placées les unes sur les autres.

Si la journée du lendemain est belle, le ciel serein, si les nuages n'interceptent pas les rayons du soleil, on les reportera et avec les mêmes précautions dans le jardin, afin d'exposer le raisin à la plus forte chaleur du jour; au bout de quelques heures on retournera légèrement les grappes, et quand extérieurement on verra qu'elles ne seront plus du tout humides, on les introduira dans le fruitier. Le lieu le plus propre à leur conservation doit être sec et peu aéré, parce que plus l'atmosphère pénètre et se renouvelle souvent, plus l'humidité s'introduit.

Tous les moyens sont bons pour conserver le raisin, de même que les autres fruits dès qu'ils les préservent de l'action de l'air, qui d'abord les flétrit pour les corrompre ensuite. Les méthodes suivantes sont incontestablement les plus sûres.

La première consiste à suspendre les grappes à des cordeaux ou à des gaulettes de bois très sec de manière qu'elles ne se touchent pas. Quelques personnes portent l'attention jusqu'à fixer les grappes aux cordeaux ou aux gaulettes, avec des fils attachés au petit bout de la grappe. Par ce moyen elles procurent un isolement précieux pour sa conservation. Cette manière de conserver le raisin est la plus simple et la plus commune; toutefois, quand les circonstances locales se trouvent d'accord avec les soins du surveillant, il n'est pas rare de posséder d'excellents raisins après huit mois de récolte.

La seconde consiste à faire faire une ou plusieurs caisses d'un mètre en tous sens, selon la quantité que l'on veut conserver, puis à garnir leur intérieur de gaulettes et de ficelles auxquelles on suspend les grappes sans qu'elles puissent se toucher, fermer ces caisses, y appliquer un enduit de plâtre sur toutes les jointures, les faire transporter à la cave et les recouvrir de deux ou trois centimètres de sable très fin et très sec; le raisin se conserve ainsi très long-temps, mais sitôt qu'une caisse est entamée, il faut promptement en consommer le fruit.

Troisième méthode. On prend des cendres de sarments, bien tamisées, on les détrempe en consistance de bouillie claire; on y trempe les grappes à différentes reprises, jusqu'à ce que la couleur des grains ne soit plus apparente, on les range ensuite dans une caisse sur un lit de mêmes cendres non mouillées, on les recouvre d'un second rang, celui-ci d'une couche de cendres sèches et ainsi de suite jusqu'à ce que la boîte soit remplie; après l'avoir soigneusement fermée, on la dépose à la cave. Pour servir le fruit, il suffit de le plonger plusieurs fois dans l'eau fraîche; la cendre se détache facilement, et il s'est conservé aussi frais, aussi beau qu'au moment où on l'a cueilli. Cette méthode permet de faire usage d'une partie des raisins sans nuire à la conservation du surplus.

Quatrième méthode. On ensevelit quelquefois le raisin dans la paille, lit par lit; il se conserverait très bien de cette manière s'il n'était exposé aux ravages des souris.

Cinquième méthode. Si l'on veut borner ses soins à une petite quantité, il suffit de les isoler sur une planche, et de couvrir chaque grappe avec un vase creux de verre ou de faïence, par exemple des cloches à melons; on les enveloppe, on les surmonte d'une couche de sable fin, et le fruit s'y conserve exempt de toute espèce d'atteinte.

Procédés à employer contre les Chenilles.

Il faut le plus possible attaquer les Chenilles au berceau; si on attend que l'âge les ait affranchies des entraves de leur enfance, nos efforts seront superflus, et malgré nous elles feront tout le mal dont elles sont capables.

Les Chenilles font des nids, en formant une espèce de coque, dans laquelle elles se retirent pendant la nuit ou lorsqu'il pleut ou fait froid; voilà où naissent et vivent les ennemis que nous sommes si intéressés à détruire.

Pour y réussir d'une manière efficace, il faut couper les extrémités des branches sur lesquelles les nids sont placés, et les jeter de suite au feu. On n'est pas toujours à portée de les atteindre; quelques-uns sont placés très haut: dans ces circonstances on se pourvoit d'une longue perche au bout de laquelle on attache des ciseaux nommés échenilloirs.

Le temps le plus convenable pour écheniller, c'est quand il fait froid, parce que toutes les jeunes chenilles sont retirées dans leurs retraites ; si on ne profite pas de ce moment, on ne peut plus le faire qu'immédiatement après une forte pluie qui les a fait rentrer dans leur domicile.

Il ne suffit pas d'attaquer les Chenilles sur les arbres fruitiers ; il faut encore les chercher dans les haies voisines des vergers et des jardins ; car lorsqu'elles auront ravagé les arbustes sur lesquels elles naissent, elles arriveront où elles trouveront de quoi vivre. Quelquefois on réussit à faire tomber les Chenilles d'un arbre qui en est couvert en brûlant au bas de la paille mouillée, ou celle de la litière des chevaux, ce qui occasionne une fumée très épaisse qui les étourdit ; cette fumée a bien plus de force quand on y mêle un peu de soufre.

Lorsqu'on craint qu'un arbre soit attaqué par les Chenilles répandues dans le voisinage, on enduit le tronc sur une largeur de six ou huit centimètres d'une matière gluante et visqueuse qui les arrête et où leurs pattes s'attachent lorsqu'elles veulent franchir cette barrière en ayant soin d'ôter de temps en temps celles qui sont prises afin que leur corps ne serve pas de passage aux autres qui l'effectueraient sans s'engluer.

Pour les plantes potagères qui en sont couvertes, voici un moyen qui a été employé et couronné de quelque succès. On fait fondre dans une grande casse ou chaudron que l'on met sur le feu, deux livres de savon, puis, quand cette eau est refroidie, on la répand sur ces mêmes plantes.

Si tous les habitants ne concourent pas tous à la fois et à plusieurs reprises à détruire complètement ces insectes, les opérations partielles manquent leur but. Quelques papillons échappés perpétueront l'espèce, et chaque *année* il faudra recommencer.

Moyen de détruire les Sauterelles.

Il est aussi prompt qu'expéditif. Aussitôt que la récolte des blés est faite, il s'agit de mettre le feu aux chaumes qu'on laisse quand on a moissonné; on commence par le côté d'où le vent souffle, et on continue sans laisser de place intacte; pour peu que l'air soit vif, la flamme parcourt la surface du champ avec une rapidité étonnante, et l'insecte a beau sauter, voler, il devient la proie du feu. Cette ignition doit se faire à une ou deux lieues à la ronde en même temps; elle a pour avantage de détruire toutes les plantes parasites et leurs graines; mais elle exige des soins et de la prudence afin d'éviter des incendies.

Procédés à employer contre les Taupes-Grillons ou Courtillères.

Ainsi nommées parce que, comme la Taupe, elles vivent sous terre et sont de la famille des Grillons de nos champs dont elles imitent le bruit, mais moins fort. On peut regarder cet insecte qui fait périr successivement toutes les plantes comme le fléau des fleuristes et des jardiniers ; car il est certain que rien ne résiste à la scie de la Taupe-grillon. J'ai suivi à plus de vingt mètres de distance un conduit souterrain coupé et recoupé d'une infinité d'autres ; le tout était l'ouvrage d'une seule courtillère ; on peut juger par là des dégâts que causerait une de ces nichées qui contient jusqu'à quatre cents œufs. Pendant l'hiver, afin de se mettre à l'abri de la gelée, elles s'enfoncent dans les galeries inférieures; le moment le plus propice pour travailler à leur destruction est le retour du printemps, parce que leurs communications ne sont pas encore établies.

Voici comment on procède: aussitôt qu'on aperçoit le premier trou, on y répand quelques gouttes d'eau; trois ou quatre minutes après on verse une cuillerée d'une huile quelconque; la moins coûteuse est aussi bonne que la plus chère; puis on vide dans ce même trou, sans en déranger les bords, plusieurs arrosoirs, qu'on a eu soin de remplir. Pour faciliter l'opération, il faut se munir d'un petit entonnoir.

La première eau empêche que la

terre trop sèche ne s'imbibe de l'huile, et la seconde pousse cette huile sur toute l'étendue de la galerie. Dès que cette eau huileuse a touché l'insecte, il remonte contre le courant, parvient à l'extérieur où il ne tarde pas à périr dans des mouvements convulsifs. Tout le monde sait que les insectes ont l'ouverture de la trachée-artère sur le dos; l'huile la bouchant, ils ne peuvent plus respirer et étouffent.

Un moyen plus simple et qui a complétement réussi dans un jardin qui était infesté de Taupes-grillons, consiste à placer deux balles de fumier de litière à la tête de chaque petit chemin tracé entre deux planches de jardinage; on les piétine et on les laisse pendant cinq à six jours; le septième on les éparpille, toutes les Courtillères sont dessous et on les tue. Il est bon d'observer qu'il ne faut pas déranger l'ouverture des galeries qui correspondent au fumier que l'on arrose s'il est trop sec. On recommence cette chasse sans se décourager, si elle ne réussit pas les premières fois ; car l'odeur du fumier qu'il faut changer de temps en temps, les attire, et il est certain qu'on finira par se féliciter de sa persévérance.

Vermine des Plantes et Vers de terre. Moyen d'en garantir les champs en Blé.

On donne le nom de vermine des plantes à une foule d'insectes et de petits animaux qui nuisent à tous les végétaux, à ceux surtout qu'on cultive dans les jardins, principalement aux arbres en espalier et de préférence au Pêcher et à l'Oranger. On peut les ranger en deux classes : la première naît et vit hors de la terre; on distingue les individus qui la composent ou à la vue simple, ou avec le secours d'une loupe; tels sont les Pucerons, les Chenilles, le Kermès, fauss[illegible]t appelé punaise, les Mouches de toute espèce, les Limaçons et les Limaces grises, les Tigres, le Perce-oreille, le Gribouri, la Punaise, le Campagnol, le Mulot, le Lerot, le Hanneton.

La seconde classe est formée des animaux cachés dans l'intérieur de la terre, comme les Taupes, les Larves de hanneton, la Courtillère, la Scolopendre et tous les vers peu connus qui rongent les racines. On ne compte pas ici la Fourmi au nombre des insectes qui font la guerre aux plantes, parce qu'elle a été suffisamment justifiée de cette calomnie.

La nombreuse classe des vers de terre renferme une famille connue en quelques endroits par les habitants de la campagne sous le nom de Vermeils ou sous l'expression générique de Vermillier. Elle étend ses ravages dans les champs en blé, peu de temps après les semailles, au moment précis où la radicule donne naissance à ce chevelu imperceptible à la vue simple, mais qui doit grossir et s'étendre pour assujettir la plante, pomper la partie des éléments destinés à la nourrir et à la faire croître. Si pendant les mois de Septembre et Octobre le temps est doux et humide, le ravage que font les vers est incalculable ; la moitié, les deux tiers de la semence sont détruits par eux, et la dévastation ne cesse que quand les gelées auxquelles ces insectes sont très-sensibles, sont assez fortes pour les contraindre à pénétrer plus profondément dans l'intérieur de la terre. Comment préviendra-t-on ce fléau ? Sera-ce en retardant l'époque des semailles jusqu'aux gelées? Ce moyen aurait de graves inconvénients ; car il est de fait qu'excepté dans les contrées méridionales et dans les terrains sablonneux, on sème en général trop tard en France le blé d'hiver. Les champs où l'argile domine, et ceux dont la terre végétative repose sur un tuf voisin de la superficie, exigent des semailles hâtives. Il faut que les plantes aient acquis assez de force avant la saison des pluies pour résister au séjour de l'eau qui en fait pourrir la plus grande partie; il faut que leurs racines aient eu le temps non-seulement de se développer, mais de s'enfoncer, de s'étendre et d'adhérer fortement aux particules de terre qui doivent les abriter et contenir leur nourriture; autrement le dégel affaisse et fait couler la terre, il déchausse le collet de la plante et laisse ses racines à nu; d'où résultent tant de pieds rachitiques et de grains qui n'ont que l'écorce. Le seul moyen que nous connaissions de garantir les champs en blé de cette sorte d'insectes, c'est de faire précéder l'ensemencement par une récolte de pois ou gris ou blancs, peu importe la variété; car l'expérience a prouvé que les vers désertent le terrain qui en a produit. On ne doit pas craindre que la première de ces récoltes nuise à la seconde; cet inconvénient n'aurait lieu que dans le cas où on aurait négligé de labourer avant l'hiver, de fumer abondamment et de bien labourer en mars. L'herbe ne croît point à l'ombre des pois, et leurs racines ameublissent la terre. La proposition contraire ne peut être soutenue que par les obstinés partisans des jachères dont, heureusement pour la prospérité du pays, le nombre diminue chaque jour dans une proportion satisfaisante. Quant aux autres animaux dévastateurs, voyez à chacun d'eux les moyens dont nous avons parlé plus haut, soit pour les détruire, soit pour préserver les plantes de leurs atteintes.

Histoire naturelle de la Couleuvre et de la Vipère.

Nous terminerons ce petit ouvrage par un sujet qui nous semble devoir intéresser au plus haut point les habitants des campagnes. Le célèbre physicien Fontana a publié de nombreuses expériences sur le venin de la vipère ; il nous paraît d'autant plus convenable de placer ici une notice succincte de son travail qu'il a incontestablement prouvé par les résultats qu'il a obtenus, qu'il n'était point mortel pour l'homme. Cet article est donc destiné à rassurer les personnes que le hasard ou des circonstances particulières exposeraient à la dent de ce reptile, et sous ce point de vue, on doit lui attribuer une sorte d'importance.

Ces détails seront précédés des descriptions de la Couleuvre et de la Vipère, les deux espèces de serpents les plus communs dans notre climat. Par ce moyen, le lecteur sera à portée de connaître et de distinguer à des signes certains, celui des deux reptiles qu'il aurait intérêt à ne pas confondre avec l'autre. Ceci est emprunté à la plume du continuateur de Buffon, M. Lacépède, non moins remarquable par l'exactitude de ses descriptions que par l'élégance de son style.

De la couleuvre commune.

Aussi doux qu'agréable à la vue, ce reptile peut être aisément distingué de tous les autres serpents et particulièrement des dangereuses Vipères par les belles couleurs dont il est revêtu; leur description est assez constante, et pour commencer par celles de la tête dont le dessus est un peu aplati, les yeux sont bordés d'écailles jaunes et presque couleur d'or, qui ajoutent à leur vivacité; les mâchoires, dont le contour est arrondi, sont garnies de grandes écailles d'un jaune plus ou moins pâle, au nombre de dix-sept sur celle supérieure et de vingt sur l'inférieure ; le dessus du corps, depuis le bout du museau jusqu'à l'extrémité de la queue, est noir et d'une couleur verdâtre très foncée sur laquelle on voit s'étendre d'un bout à l'autre un grand nombre de raies composées de petites taches jaunâtres de diverses figures, les unes allongées, les autres à losanges et un peu plus grandes vers les côtés que vers le milieu du dos. Le ventre est de la même couleur ; chacune des grandes plaques qui le couvrent présente un point noir à ses deux bouts, bordée d'une très petite ligne de la même nuance : ce qui produit de chaque côté du dessous du corps une rangée symétrique de points et de petites lignes noirâtres, placés alternativement. Cette jolie Couleuvre parvient ordinairement à la longueur d'un mètre et plus, et alors elle a un décimètre et quelques centimètres de circonférence à l'endroit le plus gros du corps. On compte communément deux cent six grandes plaques sous son ventre et cent sept paires de petites sous la queue, dont la dimension égale le plus souvent le quart de la longueur totale. La Couleuvre se tient presque toujours cachée; elle cherche à fuir lorsqu'on la découvre, et non-seulement on peut la saisir sans redouter un poison dont elle n'est jamais infectée, mais encore sans éprouver d'autre résistance que les efforts qu'elle fait pour s'échapper. Bien plus on en a vu devenir assez dociles pour subir une sorte de domesticité. M. Valmont de Bomare rapporte dans son *Dictionnaire d'histoire naturelle* en avoir vu une si tendrement attachée à la maîtresse qui la nourissait qu'elle se jeta à l'eau pour suivre un bateau qui la portait. Ce n'est que parce que sa douceur et son défaut de venin ne sont pas aussi bien reconnus qu'ils devraient l'être pour la tranquillité des personnes qui habitent la campagne, que des charlatans s'en servent encore pour amuser et tromper le peuple, qui leur croit le pouvoir particulier de se faire obéir au moindre geste par un animal qu'ils ne regarderaient peut-être qu'en tremblant.

Ce n'est pas toutefois qu'il n'y ait certains moments et même certaines saisons de l'année où la Couleuvre sans être dangereuse montre le désir si naturel à tous les animaux de se défendre ou de sauver ce qui lui est cher; car on a vu ce serpent, surpris quelquefois par l'aspect subit de quelqu'un, au moment où il s'avançait pour traverser une route, ou que, pressé par la faim, il se jetait sur sa proie, se redresser avec fierté et faire entendre son sifflement de colère; alors même on ne doit rien craindre de ce reptile sans venin, dont tout le pouvoir ne pourrait venir que de l'imagination frappée de celui qu'il aurait attaqué, puisque ses dents même ne sont réellement dangereuses que pour les petits lézards et autres faibles animaux qui lui servent de nourriture.

Description de la Vipère.

La Vipère commune est aussi petite, aussi faible, aussi innocente en apparence, que son venin est dangereux; sa longueur totale est ordinairement de six ou sept décimètres; sa couleur est d'un gris cendré, et le long de son dos, depuis la tête jusqu'à l'extrémité de sa queue, s'étend une sorte de chaîne composée de taches noirâtres de forme irrégulière, et qui, se réunissant en plusieurs endroits les unes aux autres, représentent une bande dentelée et sinuée en zig-zag.

On voit aussi de chaque côté du corps une rangée de petites taches également noires dont chacune correspond à l'angle rentrant de la bande en zig-zag. Toutes les écailles du dessus du corps sont relevées au milieu par une petite arête, excepté la dernière rangée de chaque côté où les écailles sont unies et un peu plus grandes que les autres. Le dessous du corps est garni de grandes plaques couleur d'acier et d'une teinte plus ou moins foncée, ainsi que les deux rangs de petites plaques qui sont au-desous de la queue. La Vipère a les yeux très vifs et garnis de paupières, et comme si elle sentait la puissance du venin qu'elle recèle, son regard paraît hardi ; ses yeux brillent, surtout quand on l'irrite, et alors non-seulement ils s'animent de plus en plus, mais le reptile ouvrant sa gueule, darde sa langue, qui est ordinairement grise, fendue en deux et composée de deux petits cylindres charnus, adhérents l'un à l'autre jusque vers les deux tiers de sa longueur; l'animal l'agite avec tant de vitesse qu'elle étincelle pour ainsi dire, et que la lumière qu'elle réfléchit la fait paraître comme une sorte de petit phosphore. On a regardé long-temps sa langue comme un dard dont elle se servait pour percer sa proie; on a cru que c'était à l'extrémité de cette langue que résidait son venin, et on l'a comparée à une flèche empoisonnée. Cette erreur est fondée sur ce que toutes les fois que la Vipère veut mordre, elle la tire et la darde avec rapidité. Le dessous du museau et l'entre-deux sont noirâtres, et sur le sommet de la tête deux taches allongées, placées obliquement, se réunissent à leur base à angle aigu, ayant à peu près la forme d'un V. Cette marque étant très apparente, sert à faire distinguer d'un seul coup d'œil la Vipère de la Couleuvre. La tête de la première va en diminuant de largeur du côté du museau où elle se termine en s'arrondissant, et les bords de la mâchoire sont revêtus d'écailles tachetées de noir et de blanc et plus grandes que celles du dos. Le nombre des dents varie suivant les individus ; il est souvent de vingt-huit à la mâchoire supérieure et de vingt-quatre à l'inférieure; mais toutes les Vipères ont de chaque côté de la mâchoire supérieure, une ou deux et quelquefois trois ou quatre dents, longues de huit à neuf millimètres, blanches, diaphanes, crochues, très aiguës et très mobiles, que l'animal incline et redresse à volonté. Communément elles sont couchées en arrière, le long de la mâchoire, et la pointe ne paraît pas ; mais lorsque la Vipère veut mordre, elle les relève et les enfonce dans la plaie en même temps qu'elle y répand son venin. Ce poison est contenu dans une vésicule placée de chaque côté de la tête au-dessous du muscle de la mâchoire supérieure. Le mouvement du muscle pressant cette vésicule, en fait sortir le venin qui arrive par un conduit à la base de la dent, traverse la gaîne qui l'enveloppe, entre dans la cavité de cette dent par le trou situé près de la base, en sort par celui qui est auprès de la pointe et pénètre dans la blessure. Ce poison est la seule humeur malfaisante que renferme la Vipère, et c'est en vain qu'on a prétendu que l'espèce de bave qui couvre ses mâchoires lorsqu'elle est en fureur est un venin plus ou moins dangereux.

Méthode curative pour la morsure de la Vipère.

Le résultat le plus intéressant des expériences de l'abbé Fontana a prouvé que c'était à tort qu'on regardait la maladie que cause la morsure de la Vipère comme des plus dangereuses et des plus difficiles à guérir; ainsi il ne faudra plus recourir à l'amputation, à la ligature, à la succion, moyens qui souvent déterminent la gangrène. De tous les remèdes, ceux qui ont été les plus vantés et les plus célèbres sont l'alcali volatil et l'eau de Luce; aussi le célèbre physicien de Florence a-t-il multiplié les expériences pour s'assurer de leurs effets, et il en conclut que loin d'être utiles, ils aggravent les maladies et même accélèrent la mort chez certains animaux tels que le lapin; s'ils ont paru réussir, c'est que la maladie n'était pas mortelle, parce que le venin n'était pas répandu en assez grande abondance.

D'après le calcul qu'il a établi de la quantité de poison relatif à l'animal mordu, il suffirait de la millième partie du venin de la Vipère pour donner la mort à un moineau; il faudrait celui de trois de ces reptiles pour tuer un Chien pesant soixante livres; or l'homme étant environ trois fois plus pesant, une seule Vipère par une seule morsure ne peut lui ôter la vie, et comme il n'est peut-être jamais arrivé d'être mordu par plusieurs à la fois ou à plusieurs reprises par la même, aussi n'est-il jamais arrivé qu'on en soit mort. Ayant recueilli toutes les observations d'empoisonnement causé par la Vipère, l'auteur que nous venons de citer n'a remarqué aucun cas de décès, quoiqu'on ait même employé contre les blessures les remèdes les plus contraires.

Quand le travail de Fontana n'aurait procuré d'autre bien que la certitude de ne pas courir les risques de la mort, on lui devrait une reconnaissance éternelle; car la frayeur et la crainte ne sont ni moins dangereuses ni moins funestes le que mal même.

La pierre infernale ou nitrate d'argent délayé dans l'eau détruit la vertu malfaisante du venin, et tout concourt à la faire regarder comme le véritable et seul spécifique contre ce poison. Il faut faire des scarifications sur la partie blessée, parce que si la préparation ne pénétrait pas dans tous les endroits attaqués, son effet serait presque nul.

Les scarifications sont d'autant plus nécessaires que les dents du reptile font des trous si petits qu'ils sont souvent invisibles; la mixtion ne pourrait donc pas entrer dans les plaies si elles n'étaient pas dilatées, et même profondément.

FIN

TABLE DES MATIÈRES.

—

	Pages.
Avant-Propos.	III
De l'Agriculture.	5
Des engrais.	12
Engrais tirés des minéraux.	14
Cendres.	16
Cendre gravelée ou clavelée	21
Engrais tirés des végétaux. Plantes marines. Algues-Varechs.	25
Plantes terrestres. Feuilles - Genets - Pailles - Mares.	30

Engrais tirés du règne animal. 32
Fumier produit par les Chevaux, Mulets, Anes. 33
id. produit par les Bœufs et Vaches. 34
id. produit par le Mouton et le Cochon. 36
Engrais produits par les Volailles. De la Colombine. 37
Des excréments humains. 38
Observations sur la Chaleur des Fumiers. 41
Moyens de détruire les Rats et les Souris. 45
id. de détruire les Taupes et Mulots. 49
id. de détruire les Charançons. 51
id. d'assainir les greniers et de les préserver des Charançons. 61
Moyens propres à faire connaître la qualité des farines. 65
id. de conserver les raisins. 67
Procédés à employer contre les Chenilles. 73

Móyen de détruire les Sauterelles. 77

Procédés à employer contre les Taupes-Grillons. 79

Vermine des plantes, Vers de terre et moyen d'en garantir les champs en blé. 83

Histoire naturelle de la Couleuvre et de la Vipère. 89

Description de la Couleuvre. 91

Description de la Vipère. 96

Méthode curative pour la morsure de la Vipère. 101

FIN DE LA TABLE

BIBLIOTHEQUE ROYALE

vez mainte fois vérifié, que so
vées à l'ouverture des cadavr
tées qu'après la mort, et, par
suivie jusqu'ici dans les re
est mensongère et peut avoi
et l'erreur. Certes, Messieur
marque, qu'à une époque
vers le positif, l'étude d'une
à un si haut degré l'espèce
presque la seule dont la ma
comme abandonnée au capric
nous donc une autre carrièr
dies sont étudiés depuis lon
grande partie connus; remo
tâchons de les découvrir, étu
une à une, et alors nous pou
difier leurs effets nuisibles a
n'en doutez pas, qu'il faut n
ce but qu'il faut diriger tous
prise n'est pas aisée, car rien
tant comme une idée absurd
maine public, et il y en a b

www.ingramcontent.com/pod-product-compliance
Ingram Content Group UK Ltd.
Pitfield, Milton Keynes, MK11 3LW, UK
UKHW020325250726
13967UKWH00004B/1860